了解速度

谁是最快的

温会会 / 文　曾平 / 绘

浙江摄影出版社
全国百佳图书出版单位

从前，美丽的森林里住着三只可爱的小狗。
他们分别是小白狗、小黄狗、小黑狗。

黑

黄

有一天，三只小狗发现门口有一个奇怪的包裹。

“咦，这个包裹不是我们的呀！”小白狗说。

“快递员送错了吧？”小黄狗说。

“是的，收件人不是我们，而是马大婶。”小黑狗说。

黑
白

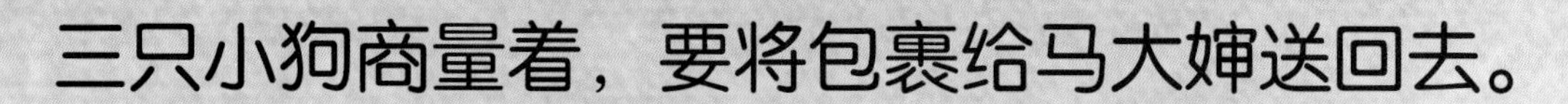
三只小狗商量着，要将包裹给马大婶送回去。

“我跑得快，我去最合适。”小白狗说。

“才不是呢，我跑得更快！”小黄狗说。

“哪里，我才是最快的！”小黑狗说。

他们吵吵闹闹的声音，传到了啄木鸟的耳朵里。

啄木鸟停在树枝上，扑扇着翅膀说：“你们别争啦！谁是最快的，比一比就知道了！”

三只小狗点点头说：“对，我们来比赛跑步吧！”

啄木鸟站在树梢上担任裁判，跑步比赛开始了。

“出发吧！”啄木鸟喊。

看，三只小狗拔腿就跑！

“等一下，重来重来！”啄木鸟喊道。

“啊，怎么了？”小狗们问。

“你们三个跑的方向都不一样，我看不出来谁最快。你们得往同一个方向跑才行！”说完，啄木鸟给三只小狗规定了起点和终点。

原来，确定速度的快慢需要在同一个方向上，不同方向的运动无法比较。

黑
黄
白

“你们并排站好，向着小河的方向跑！”啄木鸟讲解道。

可是，还没等啄木鸟喊“出发”，小白狗就抢先跑出去了！

“等一下，重来重来！”啄木鸟又喊道。

“啊，怎么了？”小狗们问。

“小白狗抢跑了，你们得同时出发才行！”说完，啄木鸟让小狗们回到起点，重新开始比赛。

原来，衡量速度的快慢与时间有关，跑过同一段距离用时短的速度较快。

“预备，跑！”

在啄木鸟的口令下，三只小狗从同一起跑线同时出发。

啄木鸟站在高高的树枝上，笑着说：“这回终于可以知道谁是最快的了！”

三只小狗冲着终点，奋力奔跑。

很快，比赛的结果出来了。

啄木鸟告诉大家：“小黄狗率先抵达终点，小黑狗排第二，小白狗排第三。”

但是，新的问题又来了。

“啄木鸟，不公平！”小黑狗气呼呼地说。

“啊，怎么了？”啄木鸟疑惑地问。

“我跑的路上满是石头，这大大减慢了我的速度。”小黑狗解释道。

啄木鸟飞回去一看，发现小黑狗说得没错。

于是，他让大家把路上的石头统统捡起来放在一边，重新比赛。

原来，比较速度的快慢还需要相同的场地条件。

“预备，跑！”

在啄木鸟的口令下，三只小狗又从同一起跑线同时出发。在平坦的路况下，小黑狗第一个冲到了终点。

“我宣布，小黑狗是最快的！”啄木鸟说。

小黑狗背着包裹，飞快地朝马大婶的家跑去。最后，他将包裹完好无损地交给了马大婶。

“马大婶，这是你的包裹。”小黑狗说。

“谢谢！”马大婶说。

责任编辑　陈　一
文字编辑　徐　伟
责任校对　朱晓波
责任印制　汪立峰

项目设计　北视国

图书在版编目（CIP）数据

了解速度 : 谁是最快的 / 温会会文 ; 曾平绘. -- 杭州 : 浙江摄影出版社, 2022.8
（科学探秘·培养儿童科学基础素养）
ISBN 978-7-5514-3976-3

Ⅰ. ①了… Ⅱ. ①温… ②曾… Ⅲ. ①速度－儿童读物 Ⅳ. ①O311.1-49

中国版本图书馆 CIP 数据核字 (2022) 第 093440 号

LIAOJIE SUDU : SHEI SHI ZUI KUAI DE

了解速度：谁是最快的

（科学探秘·培养儿童科学基础素养）

温会会 / 文　曾平 / 绘

全国百佳图书出版单位
浙江摄影出版社出版发行
地址：杭州市体育场路 347 号
邮编：310006
电话：0571-85151082
网址：www.photo.zjcb.com
制版：北京北视国文化传媒有限公司
印刷：唐山富达印务有限公司
开本：889mm×1194mm　1/16
印张：2
2022 年 8 月第 1 版　　2022 年 8 月第 1 次印刷
ISBN 978-7-5514-3976-3
定价：39.80 元